蕾奥诺拉·莱特尔

生于1974年。于奥地利林茨大学完成平面设计及传播设计大师班。自由设计师,插画家。长期从事童书插画创作,作品曾多次获奖。

霉菌姑娘苏茜
MEIJUN GUNIANG SU XI

Text & illustration by Leonora Leitl
Originally published in German under the title:
Susi Schimmel:Vom Verfaulen und Vergammeln
© 2018 Tyrolia-Verlag, Innsbruck-Vienna
Simplified Chinese translation copyright © 2025 by Shanghai Educational Publishing House
ALL RIGHTS RESERVED

本书中文简体字版权通过版权代理人高渝梅获得
本书中文简体字翻译版由上海教育出版社出版
版权所有,盗版必究
上海市版权局著作权合同登记号 图字09-2025-0033号

图书在版编目(CIP)数据

霉菌姑娘苏茜 / (奥)蕾奥诺拉·莱特尔文、图;高渝梅译. -- 上海:上海教育出版社,2025.6(2025.12重印). (公共卫生科普绘本). -- ISBN 978-7-5720-3556-2
Ⅰ.Q949.32-49
中国国家版本馆CIP数据核字第2025CF2093号

公共卫生科普绘本
霉菌姑娘苏茜

作 者	[奥地利]蕾奥诺拉·莱特尔 文/图	印 刷	上海盛通时代印刷有限公司
译 者	高渝梅	开 本	889×1194 1/16
责任编辑	钦一敏	印 张	2
美术编辑	王 慧	版 次	2025年6月第1版
出版发行	上海教育出版社有限公司	印 次	2025年12月第2次印刷
地 址	上海市闵行区号景路159弄C座	书 号	ISBN 978-7-5720-3556-2/G.3179
邮 编	201101	定 价	45.00元

如发现质量问题,读者可向本社调换 电话:021-64373213

霉菌姑娘苏茜

关于腐烂变质的真相

[奥地利] 蕾奥诺拉·莱特尔　文/图

高湔梅　译

注释1.1 人们通常说的霉菌,是丝状真菌的俗称。曲霉菌是霉菌的一类。它在德语里也被称为"喷壶菌",因为它的形状像一个喷壶的花洒。光是"喷壶菌",世界上就有超过350个种类。

我是霉菌姑娘苏茜

今天，我作为曲霉菌的代表，向大家介绍一下霉菌大家庭。

人们经常把我们曲霉菌形象地称为"喷壶菌"。虽然我们也会出现在花盆里，但是你们可千万别以为我们会浇花。我们有着自己的使命，只要有机会，我们就会大显身手。

比如，在过期的面包上，我们就会见面……

注释1.2 从食用伞菌（蘑菇）到酵母菌——真菌的种类异常丰富。真菌的特殊之处在于，它们的生长不需要阳光。尽管真菌的很多属性接近植物，但从科学角度看，它们其实更像动物。

我们的主要工作，在大自然中进行

我们的任务是"清场"。在自然界中，几乎所有落在地上的东西：果实、叶子、松针……甚至整棵倒下的树，都将被毫不留情地粉碎，转化成泥土。一些粗放的工作就由甲虫、蜗牛、蠕虫们完成。我们则和细菌一起，只专注于最精细的工作。

即使在最臭最脏的垃圾桶或者化粪池里，我们也兢兢业业地工作。

注释2 霉菌能够分解大自然中的有机物（与水、石头等无机物相对）。它们在自然界的物质循环中起着重要的作用。

我们也会到你家来做客

只要你们稍不注意,我们就趁虚而入。我们一旦开始在你们家的冰箱里生长,你们可就倒霉了:食物会变质腐烂,不能再吃了。不过,这些食物会披上格外美丽的外衣。

注释3.1 霉菌喜欢温暖潮湿的环境。它们也能在某些凉爽的地方存活。在凉爽的环境中,霉菌繁殖生长的速度要慢一些。

注释3.2 日常生活中常见的食物、木头、植物、泥土,甚至皮鞋或者壁纸,霉菌都会侵入。

我们的工作迅速而彻底

我们不挑剔,只需要一点湿气和水分,就会开始蔓延。如果你们不欢迎我们,就请在冬天开窗通风,别让湿气留在房屋里。别在洗澡时让水溅得到处都是,也别在外墙背光的角落里摆放箱子什么的,因为那里会很潮湿,我们很容易大显身手。

注释4 靠墙放置的家具后面,或者其他隐蔽的地方,霉菌特别容易滋生。因此,人们会利用受过训练的霉菌猎犬,来搜寻霉菌的位置。

我们的特性，最适合我们的工作

1. **体型**：作为微生物，我们如此微小，只有用显微镜才能观察到我们。因此，我们可以悄悄地扩散到各个角落而不被察觉。
2. **团队精神**：我们虽然微小，却是世界上最优秀的团队。因为我们知道，团结就是力量。
3. **效率**：我们能够迅速繁殖。在一分钟内，我们就可以生成几百万个孢子——我们这样称呼自己的小宝宝。

注释5.1 霉菌的孢子只有几微米。1微米是1毫米的千分之一。

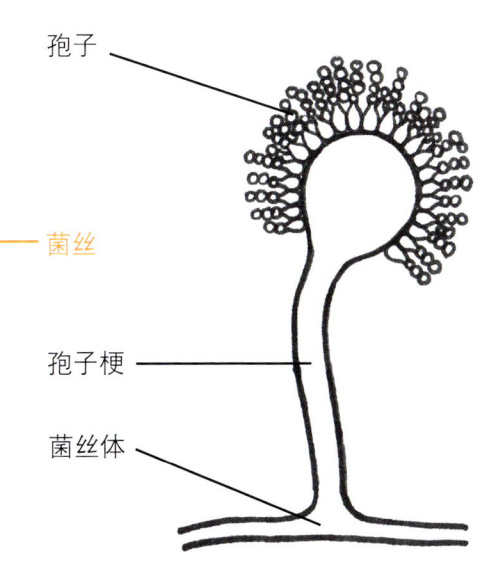

注释5.2 霉菌由被称为菌丝的极细的纤维组成。整个纤维网称为菌丝体。人类用肉眼能够观察到的，一般是长有孢子的孢子梗。

我们工作的每个步骤,都有条不紊

1. 我们的孢子先在空中随风飞舞,像侦探一样,寻找新的适合我们居住的地方。

7. 这时,就到了新的孢子发育成熟,并开始侦察飞行的时候了。

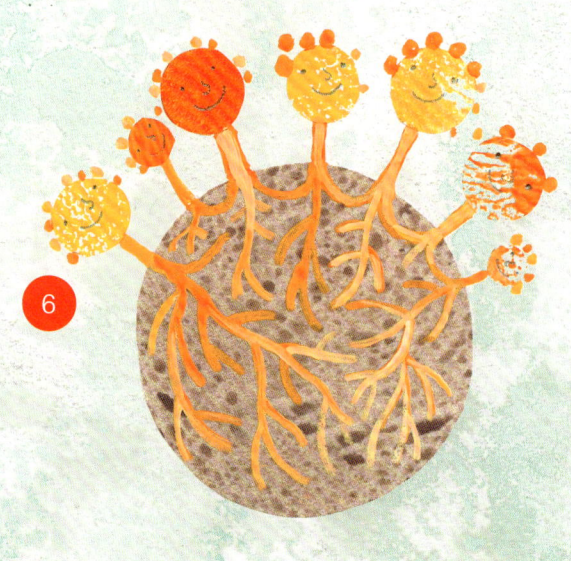

6. 我们密密麻麻地站在一起,织成一片绿色、黄色、红色、橙色、黑色或者白色的霉菌绒毛。现在,即使不用显微镜,你们也能看到我们了。

2. 发现合适的地方后,孢子就准备生长。

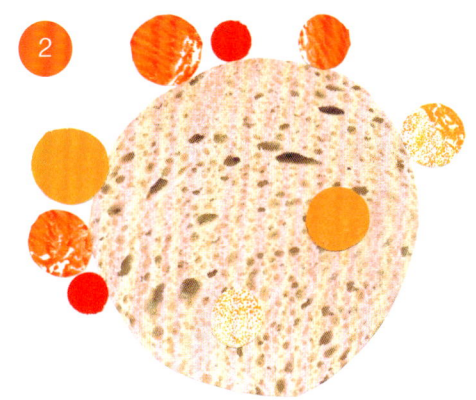

3. 孢子悄无声息地将菌丝插入这些地方。这些地方越潮湿,菌丝的生长速度就越快。

注释6 当食物表面能看到霉菌时,霉菌的菌丝已经侵入到食物内部了。这时,仅仅刮去霉菌绒毛,或者切除长有霉菌绒毛的部分,也无济于事了。食物已经开始腐烂,不能再吃了。

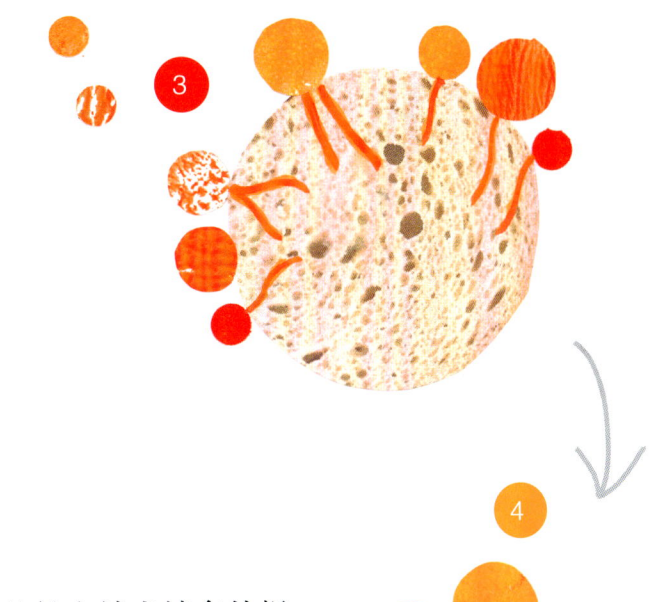

4. 菌丝长出越来越多的根系,开始深深地钻入物体内部。

5. 这项工作完成后,孢子梗开始生长。

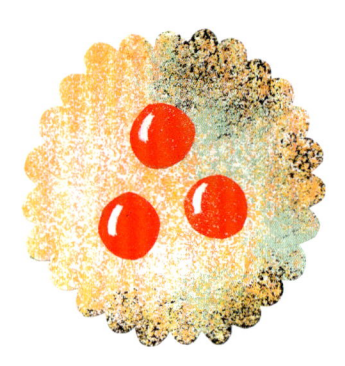

风是我们的好伙伴

我们的孢子借着风，可以在空气中飞行几百千米。因此，世界上的任何一个角落，我们都可以到达。每当我们密集地聚集起来时，你们中的一些人就会出现过敏反应，感到头痛，或者使劲地打喷嚏和咳嗽。那是因为，我们在侵蚀物品的过程中，会释放出霉菌毒素。

注释7.1 有一种对霉菌毒素的过敏反应被称为"农民肺"。当农夫频繁接触腐烂发霉的秸秆或者干草时，就会有类似得了肺炎的反应。动物也会因霉菌毒素而生病。

注释7.2 很多霉菌会释放毒素。对一个健康的人而言，少量的毒素不会形成严重危害。但是病人、老人这些虚弱的人群需要注意防护。

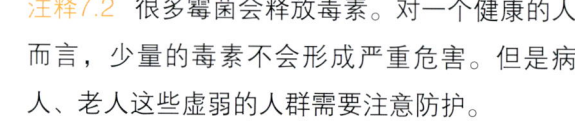

烟曲霉菌
这种烟绿色的霉菌孢子抵抗干旱的能力尤为强大。

我们坚韧耐劳，生命力顽强

世界上几乎没有我们不能待的地方。如果环境太干燥，我们就进入休眠状态，等待合适时机的到来。在古老的墓穴或者坍塌的洞窟里，我们甚至活了几千年。

注释8.1 直到今天，人们依然无法解释，为什么发现古埃及图坦卡蒙法老墓的考古学家会在几年后不明原因地死亡。是不是因为霉菌毒素？

我们最喜欢隐蔽地、不受打扰地工作，这样，我们才能完成宏大的工程。有一次，在一座图书馆里，我们神不知鬼不觉地在1万部图书上留下了足迹。真叫人兴奋。

注释8.2 林茨一所大学图书馆由于受到霉菌侵害，遭受的损失高达10万欧元。

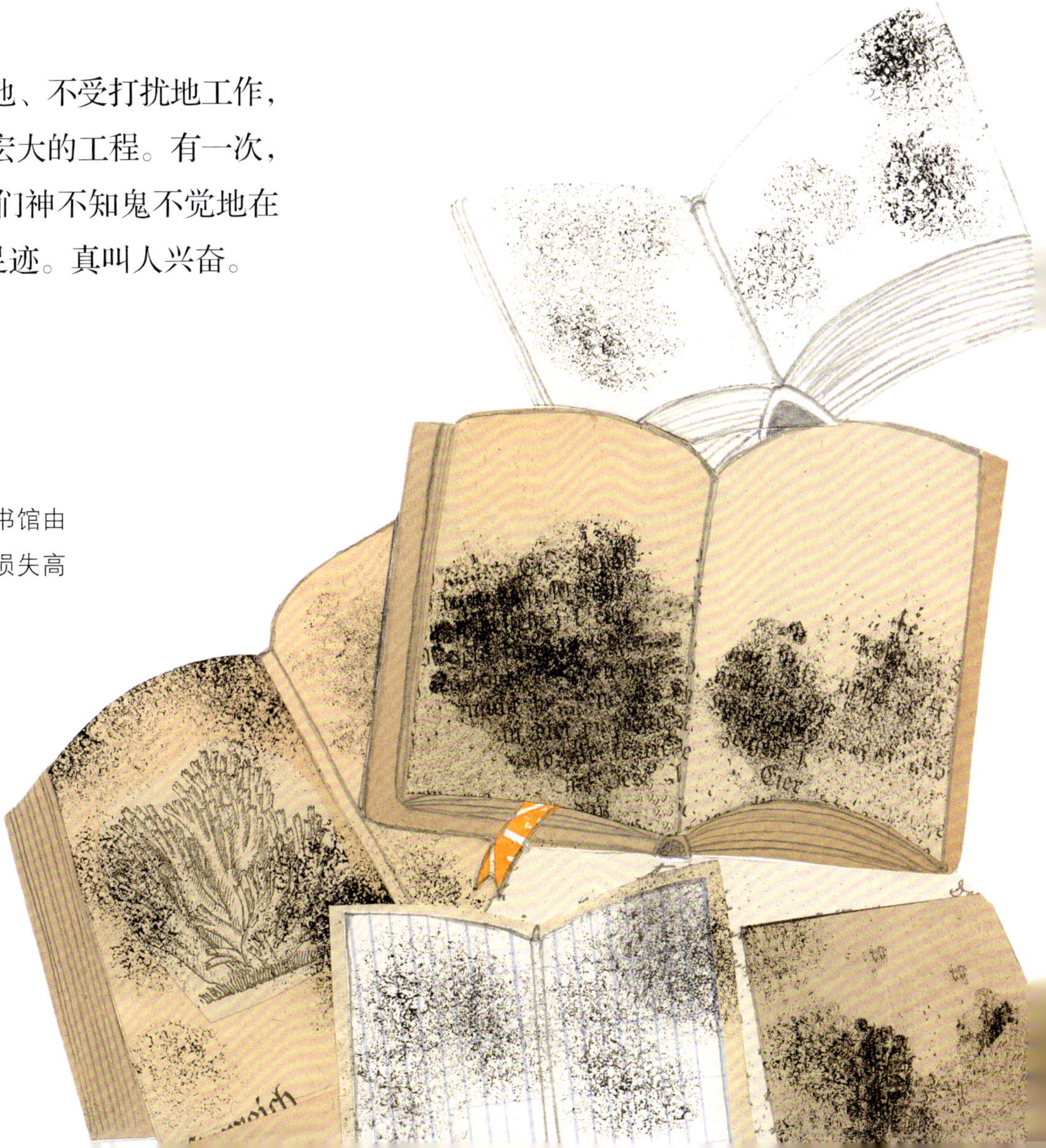

我们霉菌家族的兄弟姐妹
并不都志同道合

比如，曲霉菌会让食物变质腐败。但也有几种霉菌正好相反，在制作食物的过程中，它们专门阻碍我们的工作，防止食物变质。

这类霉菌可以用于奶酪生产，直接与牛奶混合。这样制成的奶酪有一种特别"高级的"浓郁的味道。这类霉菌被人们赞为"有益霉菌"。

注释9.1 特殊的菌类能为萨拉米香肠的制作锦上添花，它们使香肠的肠衣成为白色。

注释9.2 制作卡蒙贝尔奶酪、戈根索拉奶酪和洛克福奶酪时，都使用了"有益霉菌"，它们对人体无害。

注释10.1 青霉菌在拉丁语中叫penicillium。1928年,亚历山大·弗莱明爵士发现它可以杀死细菌。盘尼西林(penicillin,也被称为青霉素)因此成为人类使用最早的抗生素。

有一种"有益霉菌"还出尽了风头,那就是:

青霉菌

它不仅让卡蒙贝尔奶酪四周长出蓬松的白色绒毛,还不可思议地强大到可以杀死细菌。人类利用它的这一特性,从青霉菌中提炼出青霉素,用来治疗凶险的疾病。

亚历山大·弗莱明爵士

让人印象深刻的还有表皮癣菌。我们的这门亲戚喜欢在人类的皮肤上寻找湿润舒适的地方,比如在人的脚趾间,或者是小宝宝包着尿布的屁股上。它们使尽浑身解数,你们的皮肤就开始发痒难受。

注释10.2 表皮癣菌的传染性很强,感染后要及时医治。

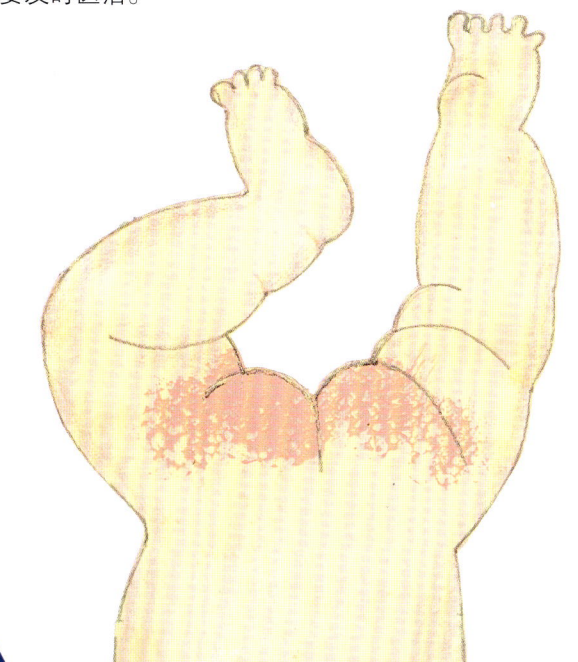
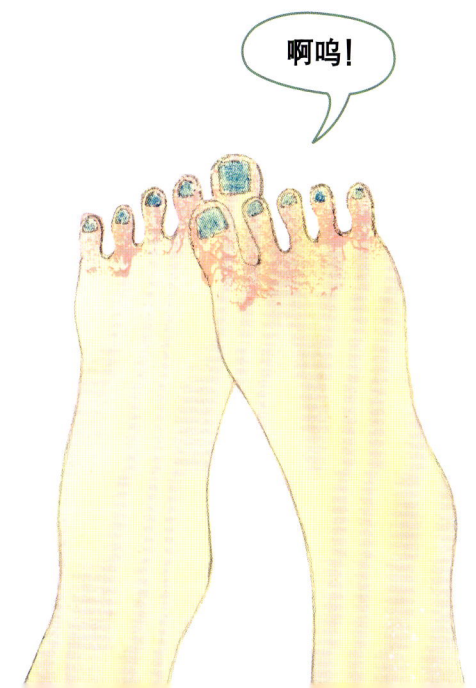

注释11 甚至在宇宙空间里，也存在霉菌。它们是如何抵达国际空间站的，至今也没有一个合理的解释。它们在那里生长繁衍，和在地球上一样。

你们看见了，我们有千军万马，我们千姿百态

我们是个大家族，其中的每一位都各有所长。世界上存在数万乃至数百万种霉菌，从撒哈拉沙漠到高原地带都有分布。

面包霉菌
顽固的面包霉菌最爱的当然是面包。

镰刀菌
负责对付农作物和玉米。

链格孢霉菌
无论是木头、壁纸，还是化粪堆……这类黑斑菌什么都喜欢。

木霉菌
这些霉菌主要横行于植物世界。

黑曲霉菌
除了食物之外，这些黑色的"喷壶菌"还喜欢纸张、皮革，甚至塑料。

青霉菌
青霉菌（也被称为"笔菌"）中的精英们主要负责奶酪生产，也被用作抗生素。

表皮癣菌
这些可恶的表皮癣菌是专门来对付人类的。

毛霉菌
毛霉菌（也被称为"纽扣霉菌"）主要针对面包、水果和蔬菜。

我们霉菌是一种古老的生物

从古老的宫殿，到闷热的城堡，或是潮湿的山洞，我们始终和你们人类在一起。

只要你们不用酒精或者更可怕的东西来纠缠，我们就能一如既往地同你们和平共处。

注释12.1　霉菌的天敌是极热、极冷，还有干燥。当然，不同种类的霉菌对环境的敏感度差别很大。

注释12.2　世界上已发现的体积最大的生物是一个蜜黄色的高卢蜜环菌。它的纤维网有1200个足球场那么大。它的总重量和4头蓝鲸差不多。人们估计，这个高卢蜜环菌应该有2500岁了。

记着，我们还会见面的！
再见了！

霉菌姑娘·苏茜